國寶故事 1

漫長的絲綢之路

趙利健 著

李蓉 繪

U0109052

中華教育

國寶故事 1：
漫長的絲綢之路——騎駝樂舞三彩俑

趙利健 / 著
李蓉 / 繪

責任編輯：王玫
裝幀設計：李洛霖
排版：李洛霖
印務：劉漢舉

出版 / 中華教育

香港北角英皇道 499 號北角工業大廈 1 樓 B
電話：（852）2137 2338 傳真：（852）2713 8202
電子郵件：info@chunghwabook.com.hk
網址：http://www.chunghwabook.com.hk

發行 / 香港聯合書刊物流有限公司

香港新界大埔汀麗路 36 號 中華商務印刷大廈 3 字樓
電話：（852）2150 2100 傳真：（852）2407 3062
電子郵件：info@suplogistics.com.hk

印刷 / 美雅印刷製本有限公司

香港觀塘榮業街 6 號海濱工業大廈 4 字樓 A 室

版次 /2020 年 5 月第 1 版第 1 次印刷
©2020 中華教育

規格 / 正 12 開（230mm × 240mm）
ISBN/978-988-8675-36-4

本作品由新蕾出版社（天津）有限公司授權中華書局（香港）有限公司在香港、澳門、台灣地區獨家出版、發行繁體中文版。

文明的誕生，是漫漫長路上的不懈探索，是古老時光裏的好奇張望，是平靜歲月中的靈光一現，是市井歲月中的靈光一閃，是一筆一畫間的別具匠心。

博物館裏的文物是人類文明的見證，向我們無聲地講述着中華文明的開放包容和兼收並蓄。喚起兒童對歷史興趣的最好方式，就是和他們一起，在精采的故事裏不斷探索、發現。

本套叢書根據兒童的心理特點，以繪本的形式，將中國國家博物館部分館藏文物背後的故事進行形象化的表現，讓孩子們在樂趣中獲得知識，在興趣中分享故事。一書在手，終生難忘。

在每冊繪本正文之後都附有「你知道嗎」小板塊，細緻講解書中畫面裏潛藏的各種文化知識，讓小讀者在學習歷史知識的同時，真正瞭解古人生活。而「你知道嗎」小板塊之後的「知道多些」小板塊則是由知名博物館教育推廣人朋朋哥哥專門為本套圖書撰寫的「使用說明書」，詳細介紹每件文物背後的歷史考古故事，涵蓋每冊圖書的核心知識點，中文程度較好的小讀者可以挑戰獨立閱讀，中文程度仍在進步中的小朋友則可以由父母代讀，共同討論，亦可成為家庭增進親子關係的契機。

希望本套圖書能點燃小朋友心中對文物的好奇心，拉近小朋友與歷史的距離，成為小朋友開啟中國歷史興趣之門的鑰匙。

編者

在一千多年前的西域，有個叫「康」的國家。
那裏的人都非常**喜歡經商**，他們用馬匹和駱駝，
把各種各樣的貨物運到世界各地，換來大筆的黃金。

在這個忙碌的國度裏，有**三個樂師**，他們能夠在駱駝上唱歌跳舞，**演奏**各種**樂器**，可是在康國，沒有甚麼人欣賞他們的表演，也**沒有甚麼人喜歡**他們的音樂。

這三個樂師一點兒也不快樂！

7

一天，一個路過的商人對他們說：「聽說在遙遠的東方，有一個叫**大唐**的國家，那裏的人們特別**喜歡音樂**，你們如果去那裏表演，一定大受歡迎。」

三個樂師聽了十分激動。

可是這個「大唐」到底在哪兒呢？

這個商人自己也沒有去過。

樂師們開始四處打聽。

有人說：「大唐呀，很近。向着太陽升起的方向一直走，一兩個月就到了。」

也有人說：

「嗬！大唐！那可在世界的另一頭兒了，騎着駱駝走一年都不一定能到呢，路上還要經過 住着神仙的雪山和藏着妖怪的沙漠！」

樂師們越打聽越糊塗，不知道到底應該聽誰的。可是他們實在太想去大唐了。於是三個人商量了一下，決定出發，向着東方——太陽升起的方向去尋找。

漫長的旅途辛苦又無聊，樂師們坐在駱駝的背上，演奏起歡快的音樂，為自己**加油打氣**。很多人被他們的樂聲吸引，加入了這支歡樂的隊伍。

隊伍變得龐大起來，有要去做生意的商人、四處傳教的僧侶、保護商隊的武士和負責引路的嚮導，還有很多很多的駱駝和馬匹。

晚上紮營的時候，大家圍在溫暖的篝火旁，聽年長的商人講經商路上的奇遇：掠奪財物的強盜、可怕的疾病、兇猛的野獸、神奇的銀山……**驚險又刺激。**

走了將近一個月，他們來到了一座叫**蔥嶺**的大雪山下。

年長的商人告訴大家：「這蔥嶺上住着**白山神**，白山神最討厭紅色的東西，也不喜歡吵鬧。我們要安靜地走過去，要是不小心吵到了白山神，祂就會掀起暴風雪，把我們**統統埋葬**！」

然而，雪山上還是颳起了**大風**，人和馬匹都被吹得東倒西歪，有些馬連同箱子一起被大風**吹下了山崖**！

隊伍裏的很多人都被**凍傷**了，臉上和手上都是大大的凍瘡。

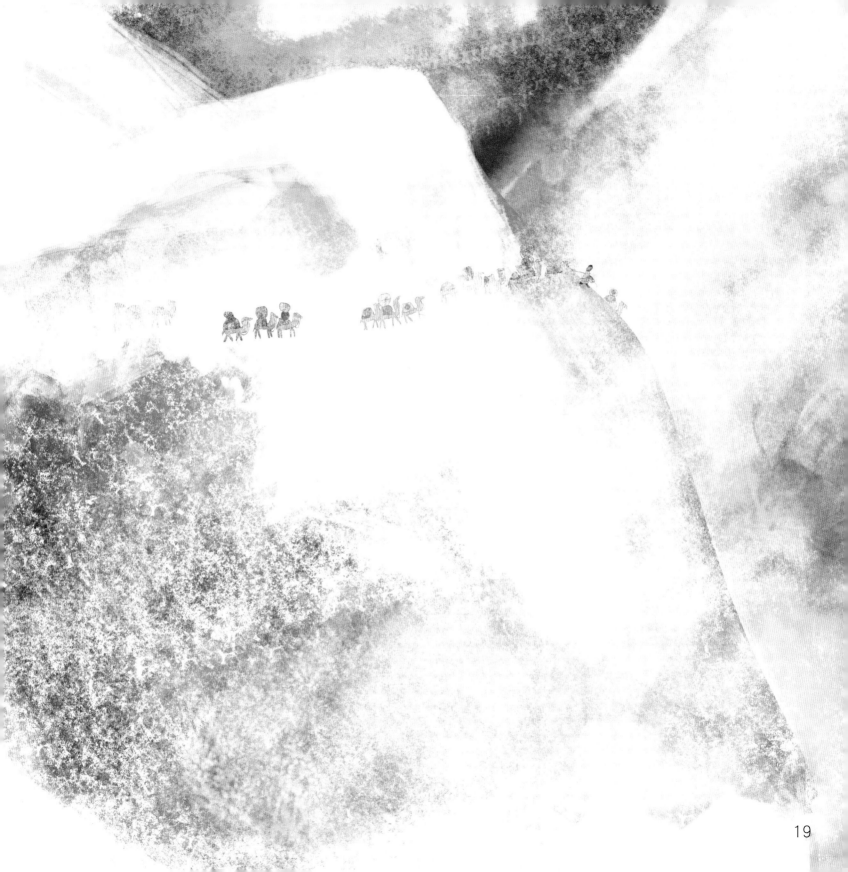

不知道走了多久，終於，嚮導指着前方興奮地大喊：「快看！前邊就是**疏勒**！加把勁兒走到那兒，我們就都可以好好**休息休息**了！」

大家全都歡呼了起來！

可年長的商人卻還是緊皺着眉頭，原來他運送的香料在雪山上**受了潮**，要知道，受過潮的香料很快就**會壞掉**。

沒辦法，年長的商人決定不休息了，他們必須帶着受潮的香料**接着前行**。

樂師們和其他人在疏勒休息了五天，才繼續出發。

沒多久，隊伍走進了**沙漠**，春天的沙漠
還被厚厚的**積雪覆蓋**着，就像灑上了一層白白的**鹽巴**。

「太神奇啦！我從來沒見過這麼美的景色！」一個樂師大叫道。

可走到一個叫作**銀山**的地方時，大家卻看到了一幕**可怕的景象**——年長的商人和他的商隊成員**被強盜殺害**了，屍體被丟在路邊！香料、馬匹和駱駝都**被搶走了**……隊伍中的每個人都很難過，大家的心情糟糕極了。

樂師彈起了琵琶……

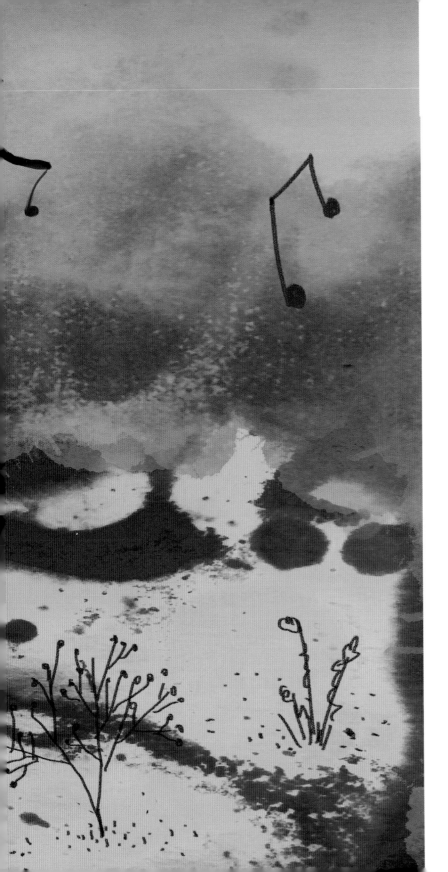

「是誰的樂聲這麼動人？」兩個揹着樂器的人聽到樂聲走了過來。他們告訴大家，他倆就是大唐人，在龜茲學習音樂，正準備回大唐。

這下五個樂師可以結伴去大唐了，認識了新朋友，大家的心情也好了許多。

　　隊伍繼續前行，從**春天**走到了**夏天**，走到一個叫**高昌**的國度時，天已經熱得不像話了。

　　高昌的集市**非常大**，隊伍裏的商人們決定在這兒做完生意就回去了，他們賣掉了香料和珠寶，又買回了大唐的絲綢。

　　分別的時候，大家相互擁抱，想到此生可能再也無法相見了，很多人**流下了眼淚**。

　　樂師們則繼續前行，**沙漠的夏天**太熱，只有清晨和傍晚涼快的時候才能趕路。如果遇上可怕的風暴，不找地方躲起來的話，駱駝和人都會被吹跑。

　　路上，大家經過了一個叫**敦煌**的地方，很多人日復一日地在這裏修建石窟，在石窟裏畫 **壁畫**，記錄下很多故事：普通人的故事、神仙和妖怪的故事……

二十天之後，他們看到了一道長長的城牆橫在沙漠中擋住了去路。大唐的樂師說：「看！那是 **長城！**」

　　康國的樂師可從沒見過這麼高、這麼長的城牆，它們簡直就像是連綿的山脈，一眼望不到邊。

這裏的夏天比沙漠要涼快多啦！出發整整半年後，樂師們終於從康國走到了大唐的 **國都長安**。長安城看上去真熱鬧！滿街都是 **新鮮玩意兒**，到處都能看到來自各個國家的人和動物。

　　康國樂師和他們的大唐朋友在集市最大的廣場上進行了**神奇的表演**。五個樂師在足足有兩個人那麼高的駱駝背上跳舞、吹篳篥（粵：畢栗｜普：bì-lì）、彈琵琶、擊鼓。每一個觀看的人都讚嘆不已！

　　這件事在整個長安傳開了，人們都跑到廣場上，來看他們**神奇的表演**。康國樂師們開心極了，他們決定留在長安，天天為大家表演。

有一個將軍特別**喜歡**這個表演，他叫**工匠**照著樂師們表演的樣子，用泥**捏出**了他們的形象，還塗上了漂亮的顏色，燒成了一個**陶俑**。

將軍死後，他的家人把這個陶俑和將軍**埋葬**在了一起。

一千多年過去了，一天，人們從土裏發現了它，驚訝極了！原來**漫長的絲綢之路上**，發生過這樣一個追逐夢想的故事。如果你也想看看樂師們神奇的表演，它就在**中國國家博物館**等着你喲！

［唐］騎駝樂舞三彩俑
藏於中國國家博物館

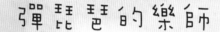

你知道嗎？

彈琵琶的樂師

　　這位樂師拿的真是琵琶嗎？琵琶不是豎着放在腿上彈奏的嗎？別忘了，這是在唐代，那時的人們的確是橫抱着琵琶彈奏的。不信你可以去博物館裏看看唐代的陶俑，陶俑彈琵琶的姿勢和畫裏的一模一樣！

受潮的香料

　　絲綢之路上運送的可不僅僅是絲綢，商人們在把大唐的絲織品運往西域的同時，也帶來了葡萄、黃瓜、石榴、菠菜、胡椒、八角等西域的食物和香料，大大促進了東西方的貿易往來。

敦煌壁畫

　　這位畫師畫的形象是一位飛天，也就是能在空中飛行的天神。飛天來源於印度，在絲路重鎮敦煌，東西文化的交流融合造就了莫高窟中具有中華文化特色的飛天。如今，不生翅膀也沒有羽毛、憑藉飄舞的綵帶凌空翱翔的飛天已經成為敦煌藝術的代表。

曼妙的龜茲音樂

　　龜茲人擅長音樂、舞蹈，還創製了很多樂器。這兩位大唐學生身上揹的就是龜茲樂器的代表。羯鼓鼓點清脆響亮，篳篥音色低沉悲咽。

讀書的人

　　這個正在讀書的人很有可能是在準備參加科舉考試呢。從前，做官需要他人的推薦，平民百姓很難有機會。隋代建立了科舉制度，到了唐代，這種制度已經較為完備，普通人如果在考試中取得佳績，就能獲得官職啦！

學習音樂

　　唐代的「教坊」是帝王直接管理的「皇家藝術院」，專門訓練和培養樂工，造就了一批批才華出眾的音樂家，也為後世留下了非常多的樂曲名篇。

下圍棋

　　畫中的兩個人在對弈，也就是下棋。圍棋起源於中國，早在春秋戰國時期就有相關的記載。而到了唐代，由於帝王們的喜愛和文人們的推崇，圍棋得到了長足發展，對弈之風遍及全國，甚至傳到了朝鮮和日本。

它從絲路上走來

朋朋哥哥

在中國國家博物館「古代中國」展廳中，騎駝樂舞三彩俑被放置在隋唐五代時期的「總述」部分。

看，這頭駱駝昂首挺立，非常神氣。駱駝是沙漠裏重要的交通工具之一，幾千年來，在往來商隊的駝鈴聲中，絲綢之路沿線各國的文化伴隨着商品走向異域。

這頭駱駝的背上搭着一個小平台，平台上共有五個人。中間那位

長着大鬍子，一看就是胡人，圍着他的是四個樂師，其中兩個是長着大鬍子的胡人，另外兩個是中原的漢人，因為年代久遠，其中三個人手中的樂器都不見了，僅剩下一把琵琶被橫抱在一位胡人手裏。根據考古學家夏鼐先生研究，坐在抱琵琶的胡人旁邊，身着綠色長袍，雙手舉在半空的漢人應該是在吹奏一種叫作篳篥的樂器，而在他們背後坐着的兩個人，身穿黃色的胡服和長袍，雙手放在胸前，應該是在做擊鼓的動作。

噓，仔細聽，你聽到這支來自唐代的「交響樂團」為你演奏的美妙樂曲了嗎？

可是，駱駝上
真的可以坐五個人
嗎？穿行在絲綢之路
上的駱駝，最多能夠
負重 250 千克，五個成
年男子的體重加起來，肯定
得超過這個重量了。有人說這也許是種誇張
的表現形式，但也有人說這種情況真實存在，這
些駱駝不是普通的駱駝，而是經過了特殊訓練的
駱駝。的確，這些藝人不僅要在駝背上保持平衡，
還要隨着節奏唱歌跳舞，這駱駝恐怕也不一般！

騎駝樂舞三彩俑是件精美的唐三彩。唐三彩
是一種低溫燒製的釉陶，也就是說，唐三彩是
陶器而不是瓷器。因為加入了鉛作為助熔劑，

所以唐三彩的釉料在燒製後會呈現出流淌的效果，給人帶來一種斑駁絢麗的美感。

這件騎駝樂舞三彩俑本是唐代一位名叫鮮于庭誨的大將軍的陪葬品，如今，它更成為絲綢之路沿途各國互通有無、互學互鑒、共同推動人類文明進步的見證，向我們無聲地講述着中華文明的開放包容和兼收並蓄。